# 了不起的小厨房

## ——芝士的厨房手账

@芝士瑶编著

中国电力出版社
CHINA ELECTRIC POWER PRESS

## 内 容 提 要

　　这是一本内容丰富的手绘料理食谱手账。

　　本书采用手绘的形式，还原手账的真实感。本书共绘制了 47 种美食，从早餐到夜宵，无论是健身达人还是甜食爱好者，都能在这本书中找到属于自己的定制美味。每道美食都能用最简单的厨具、食材和方法制作出；不管是在条件有限的宿舍，还是空间狭小的单身公寓，只要有一颗吃货的心，哪里都是了不起的小厨房！赶快告别外卖，来体验变身料理家的成就感吧！

**图书在版编目（CIP）数据**

　　了不起的小厨房：芝士的厨房手账 / 芝士瑶编著. -- 北京：
中国电力出版社，2020.3
　　ISBN 978-7-5198-4087-7

　　Ⅰ．①了… Ⅱ．①芝… Ⅲ．①菜谱 Ⅳ．① TS972.1

　　中国版本图书馆 CIP 数据核字 (2019) 第 286964 号

---

出版发行：中国电力出版社
地　　址：北京市东城区北京站西街 19 号（邮政编码 100005）
网　　址：http://www.cepp.sgcc.com.cn
责任编辑：乐　苑　（010-63412380）
责任校对：于　唯
责任印制：杨晓东

---

印　　刷：北京瑞禾彩色印刷有限公司
版　　次：2020 年 3 月第一版
印　　次：2020 年 3 月北京第一次印刷
开　　本：710mm×1000mm　16 开本
印　　张：10
字　　数：135 千字
定　　价：58.00 元

# 🧀 前言 🧀

哈喽,大家好!我是芝士瑶。这是我的第一本书,一本意外出生的书。

2018年我毕业后,和认识十年的好朋友们一起租房实习,每天生活在一起。因为我们都很喜欢吃,所以在那段时间里,花样折腾美食是我们最大的乐趣之一。我还有个习惯,就是通过手绘记录下每道菜品的制作过程。

生活有时就像做梦,有一天出版社联系我,说这些手绘食谱可以正式出版!我辞掉了工作,养了只猫,每天过着学习、做饭、画画和撸猫的生活。那时候我发现,画画已经不止于我的爱好了,完成一本书是当时最想完成的一个"小小事业"。

最后,感谢一直陪伴我的家人和朋友。这本书是我们大家的作品,我爱你们每一个人~希望我的作品可以帮到更多喜欢烘焙、喜欢美食、喜欢发现和记录生活美好的朋友,更希望能鼓励每一个追梦者,再小的梦想,只要坚持下去,总会看见结果。加油!做配想做的、喜欢的事吧! ☺

芝士瑶 🧀
2019年11月

# 目录

前言

## 第一章　懒人最爱吃三明治了

## 第二章　健身达人如何玩转鸡胸肉

## 第三章　一个人更要好好吃饭

## 第四章 熬夜的时候别忘了慰藉自己晚睡的灵魂

## 第五章　生活很苦,还好你甜

# 第一章

## 懒人最爱吃

### 三明治了

# 海苔肉松芝士
# 流心蛋三明治

## 食材准备

全麦吐司×3片

鸡蛋×1

芝士片×1

生菜

肉松

海苔

**STEP 1.** 热锅刷油,打一颗鸡蛋,20秒后转小火,加一勺清水在鸡蛋旁,盖锅盖。

盖上

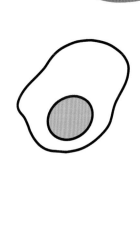

等到蛋黄表面的蛋清凝固成蛋白,即可关火。

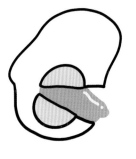

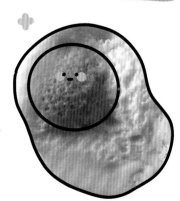

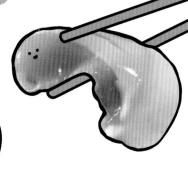

流心蛋可是完美三明治的关键!

3

**STEP2.** 将准备好的食材一层一层叠起来。

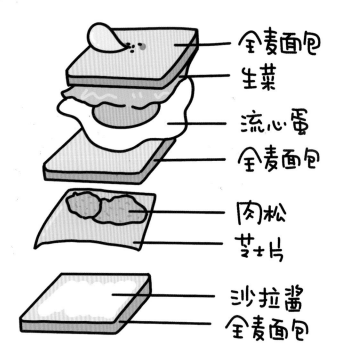

全麦面包
生菜
流心蛋
全麦面包
肉松
芝士片
沙拉酱
全麦面包

**STEP3.** 轻轻按压三明治,用保鲜膜包裹起来。
用刀横着对半切开,撒上海苔碎。

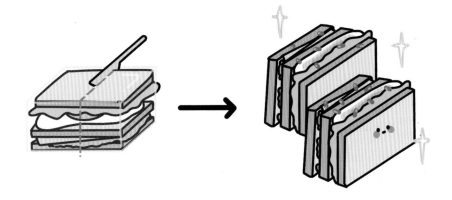

# 三色土豆泥三明治

## 食材准备

全麦吐司×4片

鸡蛋×1

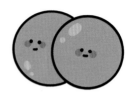

火腿片×2

土豆×2

番茄×1

卷心菜叶

牛奶

沙拉酱

**STEP1.** 土豆洗净、煮熟、去皮并捣成泥。
依次加入牛奶、沙拉酱、少许盐、
黑胡椒、火腿丁、番茄丁拌匀。

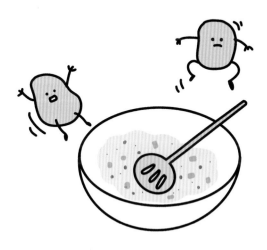

**STEP2.** 鸡蛋打散，加适量盐，小火迅速翻炒；
利用锅内余温简单翻炒一下卷心菜。

**STEP3.** 将准备好的食材一层一层叠起来。

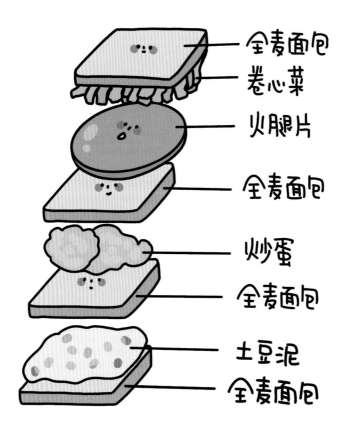

全麦面包

卷心菜

火腿片

全麦面包

炒蛋

全麦面包

土豆泥

全麦面包

**STEP4.** 轻轻按压三明治,用保鲜膜包裹起来。用刀横着对半切开。

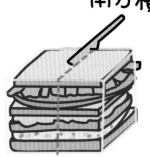

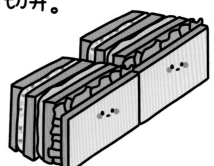

# 紫薯牛排三明治

全麦吐司×2片

牛排×1

紫薯×2

生菜

黄油

9

**STEP 1.** 紫薯蒸熟,用勺子捣成紫薯泥,放凉备用。

**STEP 2.** 生牛排双面抹适量盐和黑胡椒,静置15分钟。热锅,入黄油,等到锅内高温开始冒烟时放入牛排。

煎牛排小Tip

高温煎1~2分钟,翻面再煎1~2分钟,盖锅盖,小火30秒,即可出锅。

## STEP3. 将准备好的食材一层一层叠起来。

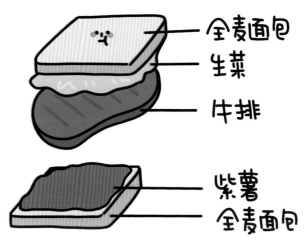

— 全麦面包
— 生菜
— 牛排

— 紫薯
— 全麦面包

## STEP4. 轻轻按压三明治,用保鲜膜包裹起来。用刀横着对半切开。

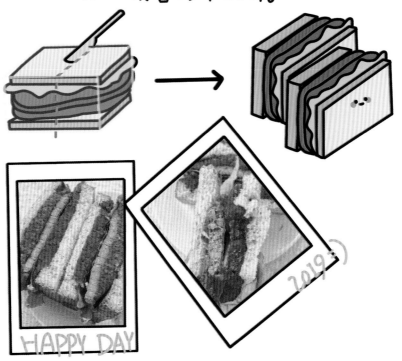

HAPPY DAY

2019.3)

11

# 金枪鱼奶酪
# 蘑菇三明治

全麦吐司×3片

金枪鱼罐头

口蘑×3

生菜

芝士片×1

番茄×1

**STEP 1.** 蘑菇切片, 炒熟, 然后将准备好的
食材一层一层叠起来。

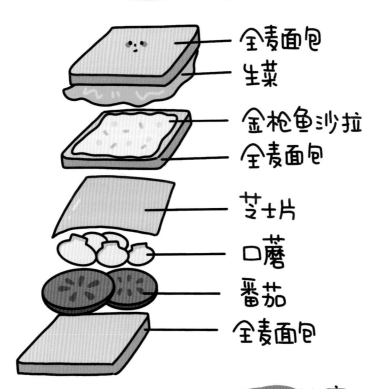

全麦面包
生菜

金枪鱼沙拉
全麦面包

芝士片

口蘑

番茄

全麦面包

**STEP 2.** 轻轻按压三明治, 用保鲜膜包裹起来。
用刀横着对半切开, 挤上美乃滋即可。

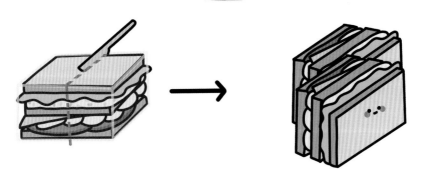

# 培根黑椒滑蛋三明治

## 食材准备

全麦吐司×3片

鸡蛋×1

培根×1片

生菜

西红柿

黑胡椒

**STEP1.** 锅内刷油, 煎熟培根和鸡蛋。

**STEP2.** 将准备好的食材一层一层叠起来。

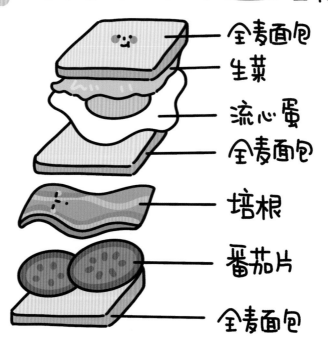

全麦面包

生菜

流心蛋

全麦面包

培根

番茄片

全麦面包

## STEP 3. 轻轻按压三明治,用保鲜膜包裹起来。用刀横着对半切开,撒上黑胡椒。

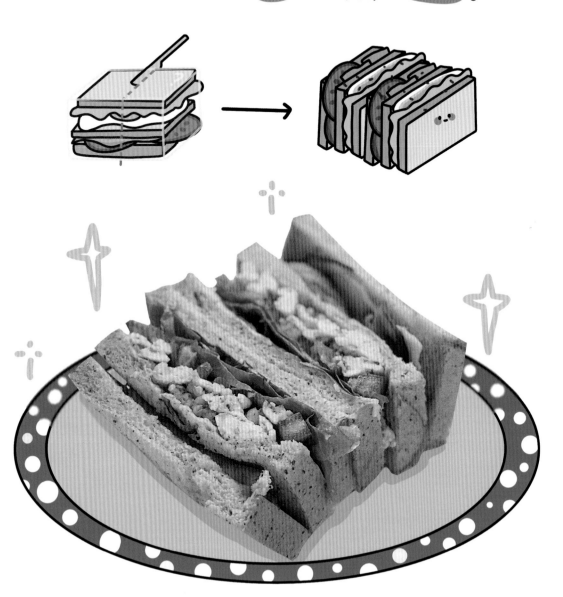

# 海苔金枪鱼
# 炒蛋全麦塔

## 食材准备

金枪鱼罐头

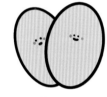

鸡蛋×2

肉松

生菜

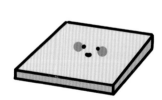

全麦面包×1

黑胡椒

**STEP1.** 将准备好的食材统统放入碗中，加一勺清水，搅拌均匀。

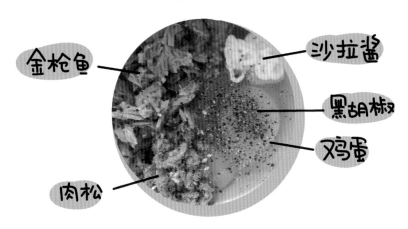

金枪鱼

沙拉酱

黑胡椒

鸡蛋

肉松

**STEP2.** 锅内刷一层薄油，油热后倒入搅拌好的食材，小火迅速翻炒。等鸡蛋开始凝固成型，关火。

Morning :)

将金枪鱼炒蛋放在生菜叶上，撒上海苔碎，搭配香软的全麦面包和新鲜水果。

# 港式爆浆西多士

## 食材准备

原味白吐司×2片

鸡蛋×1

芝士片×1

花生酱

牛奶×2勺

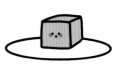

黄油10g

**STEP 1.** 吐司片切四边，中间依次放入花生酱、芝士片，再涂抹一层花生酱。

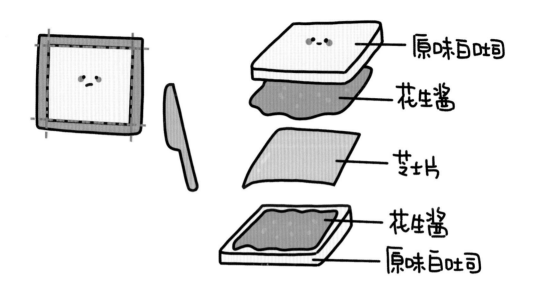

原味白吐司

花生酱

芝士片

花生酱

原味白吐司

**STEP 2.** 鸡蛋打散，加入2勺牛奶，搅拌均匀成牛奶蛋液。将三明治轻轻放入碗中，两面均匀沾满蛋液。

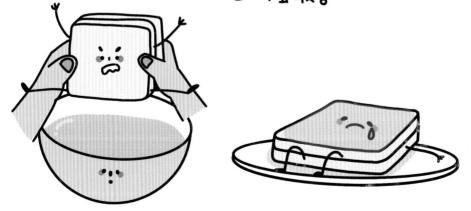

**STEP 3.** 黄油热锅,将吐司夹层丢进锅中,单面煎30秒,翻面,煎至双面金黄。

超级好吃

# 万能三明治搭配法则

早餐吃什么？

当代年轻的精致懒人们当然是...

自己动手做三明治啦！

前面只简单介绍了几种经典搭配,

因此贴心的芝+瑶整理了一张...

# 三明治搭配表

（够你做成三四五六七八...千明治了！）

# PART 1. 吐司片

 全麦吐司／粗粮坚果吐司

（健康又百搭，三明治首选）

 原味白吐司／奶香乳酪吐司

（适合西多士，适合烤、煎）

 抹茶蜜豆吐司／各种果干味的吐司

（直接吃吧…那么好吃还吃什么三明治）

---

## 如何挑选好的全麦吐司？

①. 颜色越深，全麦含量越高 ✓

②. 配料表越简单越好 ✓

③. 表面麸皮越多，膳食纤维含量越高 ✓

④. 口感粗糙且富有嚼劲 ✓

# PART 2. 肉蛋

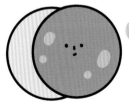 火腿/鸡胸片
（超级方便）

 培根
（好香喔~）

 午餐肉
（大口吃肉）

 牛排
（不会长胖）

 金枪鱼罐头
（混合沙拉）

 鸡蛋
（可以煎或炒）

 虾仁
（高蛋白）

 蟹棒
（一口气吃8根）

 芝士鱼肠
（值得一试）

 肉松
（百搭必备）

# PART3. 蔬菜水果

生菜
（清脆爽口）

胡萝卜
（切成丝儿）

黄瓜
（满口清香）

土豆
（压成土豆泥）

番茄
（美容哟!）

卷心菜
（炒一炒喔）

口蘑
（营养丰富）

牛油果
（绿色好好看）

紫薯
（丰富口感）

香蕉
（甜糯糯）

# PART 4. 其他

 芝士片
（我的最爱）

 海苔
（海的味道）

 花生酱

 沙拉酱

 番茄酱

 抹茶酱

 酸奶

 燕麦

 拉丝年糕

# 第二章

## 健身达人如何
### 玩转鸡胸肉

# Q弹多汁的
# 「西红柿大丸家」

## 食材准备

鸡胸肉×1

番茄×2

葱适量

淀粉

黑胡椒

料酒&酱油

**STEP 1.** 拿出你的屠龙宝刀，使出洪荒之力，将鸡胸肉剁成肉泥，加适量盐和一匙酱油。

你想怎样!?

**STEP 2.** 加入适量黑胡椒，一匙料酒和适量淀粉，搅拌均匀后腌制10分钟，再捏成肉丸。

搓肉丸的时候，记得手上沾一点水喔！让肉丸在左右手之间快速弹动，做出来的肉丸会更有嚼劲儿！

**STEP3.** 锅内倒油,炒香葱段后,加入番茄块翻炒2分钟,加适量盐、酱油和水煮沸,水沸后下肉丸,煮5-8分钟至茄汁浓稠。

# 蜜汁口味的

# 「黑椒蜂蜜炙烤鸡胸」

## 食材准备

鸡胸肉×1

酱油(生抽)

料酒

淀粉

蜂蜜

黑胡椒

**STEP 1.** 用刀背剁一剁鸡胸肉，然后切成条状。

酷刑一：　　酷刑二：

**STEP 2.** 碗中倒适量酱油、料酒、黑胡椒、淀粉，放入鸡胸腌制，封上保鲜膜，放冰箱冷藏15分钟。

**STEP 3.** 热锅刷油，中火，放入鸡胸肉条，30秒翻一次面，来回翻至两面金黄，在锅中滴几滴酱油，锅铲翻炒一下，关火盖锅盖闷几十秒，出锅后刷一层薄薄的蜂蜜。

35

# 大S同款的
# 「鸡肉咖喱饭」

## 食材准备

鸡胸肉×1

土豆×1

胡萝卜×1

咖喱块×2

芝士片×1

牛奶

**STEP 1.** 鸡胸肉切小块，加料酒、黑胡椒，腌制10分钟；土豆和胡萝卜切块备用。

**STEP 2.** 锅内加黄油，倒入鸡肉翻炒上色后，倒入胡萝卜块和土豆块，翻炒2分钟。

**STEP 3.** 加入清水没过食材，水滚后放咖喱块，再加入150ml的牛奶，煮至汤汁浓稠，土豆煮软后出锅。

**STEP4.** 盖一片芝士片在米饭上，美味升级！

芝士片

放在热米饭上，芝士会融化拉丝喔！

# 夏日必备的 「凉拌鸡丝」

## 食材准备

鸡胸肉×1

黄瓜×½

胡萝卜×½

姜蒜适量

辣椒粉

白芝麻

生抽/醋/蚝油

盐/白糖

香油/花椒油

**STEP1.** 锅内加水、姜片、料酒，煮熟鸡胸肉，放凉后撕成鸡胸肉丝。

**STEP 2.** 取空盘，放入蒜末、辣椒粉、白芝麻，淋上热油，加入2勺生抽、1勺醋、1勺蚝油，适量香油、花椒油、糖和盐，用筷子搅拌均匀。

最后放入鸡丝、黄瓜丝、胡萝卜丝拌匀，码上香菜就OK了~

# 色彩鲜艳的
## 「鸡胸肉炒三丁」

鸡胸肉×1

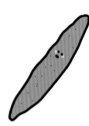

黄瓜 × ½

胡萝卜 × ½

玉米粒

淀粉

盐

黑胡椒

生抽/蚝油/料酒

**STEP 1.** 鸡胸肉切丁, 加生抽、料酒、盐、黑胡椒、淀粉, 抓匀腌制15分钟。

**STEP 2.** 锅内倒油, 炒胡萝卜丁、黄瓜丁、玉米粒至断生, 捞出备用。

颜色好看~

STEP3. 锅内刷油,倒入刚刚腌制的鸡肉,
炒至半熟,倒入三丁,加1大勺蚝油,
翻炒均匀即可。

减脂期间也可以
快乐吃肉喔!

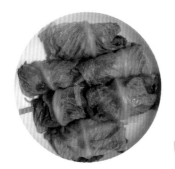

听着很高级的
「鸡胸肉翡翠卷」

## 食材准备

鸡胸肉×1

黄瓜 × ½

胡萝卜× ½

番茄×1

生菜×1

黑胡椒

料酒/蚝油

**STEP 1.** 鸡胸肉切条,用黑胡椒.料酒、蚝油,腌制半小时入味。

**STEP 2.** 黄瓜、胡萝卜切条备用,生菜用水焯一下。热锅入油,中火炒熟鸡胸肉条,出锅前再撒一点胡椒。然后把这些准备好的食材卷进生菜叶中。

我就是翡翠~
生菜

一口下去,满满维C和能量!

清脆爽口

# 追剧必备的「椒盐孜然鸡胸肉条」

食材准备

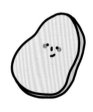

鸡胸肉×1

料酒/蚝油/生抽

白芝麻

盐

辣椒粉

胡椒粉/孜然粉

**STEP 1.** 鸡胸肉洗净切条,加入1勺料酒、2勺生抽、1勺蚝油、胡椒粉、辣椒粉、孜然粉、盐适量,抓匀腌制15分钟。

想吃肉…

15分钟就像一个世纪那么长…

12:15
时间到

**STEP 2.** 锅中刷油,放入腌制好的鸡胸肉,煎至两面金黄。出锅后再撒一点白芝麻和孜然即可。

简直是为懒人量身定制…

超级下饭,还可以当零食。

超级香!

美味呀:)

减脂达人的福音!

大口吃肉好爽!口味重还可以再加料!

像在吃烧烤…

# 一周七天挑战
## 不重样鸡胸肉

| 打卡表 | | |
|---|---|---|
| 周一 | | |
| 周二 | | |
| 周三 | | |
| 周四 | | |
| 周五 | | |
| 周六 | | |
| 周日 | | |

# 第三章

## 一个人更要

## 好好吃饭

暖冬必备的
「虾滑豆腐南瓜炖」

## 食材准备

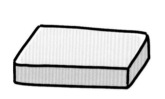

嫩豆腐×1盒

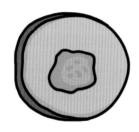

南瓜适量

虾滑×1袋

火腿肠×1

蟹味菇

葱适量

**STEP1.** 南瓜切块,放蒸锅蒸熟,捣成南瓜泥待用。

**STEP 2.** 将南瓜泥倒入锅中,加适量开水稀释,放入蟹味菇和火腿丁,煮开。

**STEP 3.** 放入虾滑和豆腐，大火煮开转小火炖半分钟，放少许盐。出锅，撒葱。

# 龙利鱼的平替
## 香煎巴沙鱼

## 食材准备

巴沙鱼(冷冻)

黑胡椒

淀粉

盐

柠檬

**STEP 1.** 巴沙鱼化冻后,用厨房纸巾吸干鱼肉表面多余的水。沿纹路将肉切块,撒适量盐.黑胡椒,再刷一层油.两面都要。

再放几片柠檬片在鱼身上,腌15分钟

**STEP 2.** 腌好后的鱼肉,两面抹上淀粉。锅内刷油.放入柠檬片煎出香味后捞出,再放入鱼肉煎至两面金黄。

裹淀粉是为了防止鱼肉散

# 可爱软萌的
## 午餐肉饭团

食材准备

午餐肉罐头

金枪鱼罐头

玉米粒

米饭

沙拉酱

海苔

**STEP 1.** 取出午餐肉,切片,黄油入锅,
煎至两面焦香金黄,备用。
其中一片午餐肉切丁。

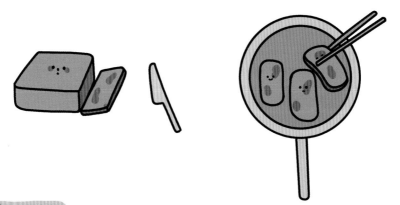

**STEP 2.** 锅内倒入玉米粒.金枪鱼肉.火腿丁,
再挤适量沙拉酱,小火翻炒均匀,
撒上芝麻,拌入米饭,拌匀。

**STEP3.** 用午餐肉罐头做模具,在里面铺一层保鲜膜。放入适量拌好的米饭,用勺子压实,挤适量沙拉酱,最后放上一片煎好的午餐肉,压实。

最后贴上海苔,超美味的元气硬核早餐就完成啦!

# 看着很高级的 日本豆腐蒸虾仁

## 食材准备

鲜虾仁

日本豆腐×1

鸡毛菜

淀粉

黑胡椒

蚝油

**STEP 1.** 取出豆腐,切成 3-4 cm厚,去头尾;
虾仁洗净,用盐和料酒腌一下;
鸡毛菜灼水捞起放盘底。

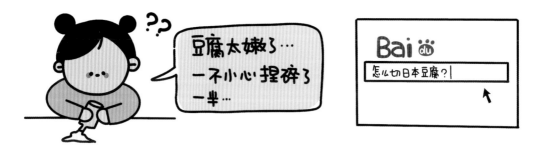

豆腐太嫩了…
一不小心捏碎了
一半…

Bai du
怎么切日本豆腐?

**STEP 2.** 摆盘,水开后大火蒸5分钟。

**STEP 3.** 炒锅加少量水,加盐和蚝油、生抽调味,
再倒入水淀粉勾芡。

**STEP 4.** 在蒸好的豆腐上淋上芡汁,滴香油,再撒上
黑椒碎。

# 绝对吃到空盘的
## 酸甜黄金炒饭

## 食材准备

米饭×1碗

鸡蛋×1

培根×1片

番茄×1

虾仁×15个

青豆适量

洋葱×半个

番茄酱

**STEP 1.** 将所有食材切丁备用。

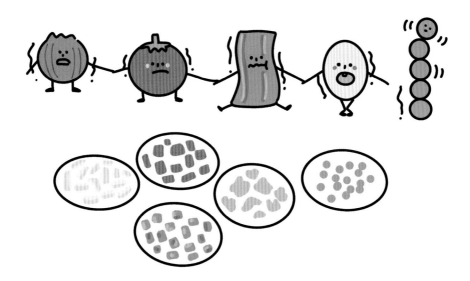

**STEP 2.** 锅内倒油,先倒入洋葱丁炒出香,再倒入番茄丁炒出汁儿,再倒入培根和青豆,盐适量,番翻炒。

**STEP3.** 倒入米饭，炒散后挤入适量番茄酱，翻炒至米饭上色。接着倒入提前炒好的鸡蛋和虾仁，用筷子迅速转圈儿地搅拌，即可出锅！

色香味俱全！

29次赞

真·黄金炒饭

❤ 💬 ✈

1,996,221次赞

# 超级下饭的
## 「芝士番茄肥牛」

肥牛×1盒

番茄×3

芝士片×1

番茄酱

葱姜适量

生抽/蚝油

盐

白糖

**STEP 1.** 番茄洗净,在表面轻划"✕",放入沸水中煮至裂皮后,捞出去皮切小块。

**STEP 2.** 热锅冷油,放入葱姜片爆香,再倒入番茄丁翻炒至出汁,加入2勺番茄酱,适量生抽和1勺蚝油,再加半碗清水,加入盐适量和1勺白糖,大火烧至番茄汤滚开。

**STEP3.** 放入肥牛卷,用筷子轻轻搅动,再盖上1-2片芝士片,融化后盖上锅盖闷1分钟,即可出锅。

# 肥宅最爱的
## 可乐鸡翅

## 食材准备

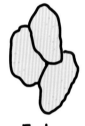

鸡翅×10

可乐 200ml

蚝油、料酒

盐

酱油

生姜

**STEP1.** 鸡翅洗净,正反两面用刀划几道口子,方便入味。碗中放2勺生抽,1勺料酒,些许姜丝,抓匀腌制20分钟。

**STEP2.** 起锅烧油,放入鸡翅小火慢煎至两面金黄。然后放1勺料酒、1勺生抽、1勺蚝油、少许盐和可乐,盖锅盖中火焖煮至汤汁浓稠。

大火收汁出锅,可以撒上葱花和白芝麻

# 想舔手指的 「蛋黄土豆条」

## 食材准备

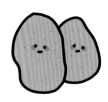

土豆×2

咸鸭蛋×3

油

盐

葱适量

**STEP 1.** 土豆削皮,上蒸锅蒸熟。

(用牙签能戳到土豆心即可~)

然后取出放凉,切条。

**STEP 2.** 锅内倒油,油开后放入土豆条,加盐,

炸2分钟,捞出沥油,备用。

**STEP 3.** 咸鸭蛋取出蛋黄,捣碎,放油锅中

炒开后,再次倒入土豆条翻炒,至土豆条

都均匀裹上蛋黄,即可出锅。

STEP2

撒点盐就可以当薯条吃了!

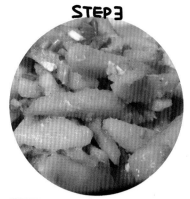

STEP3

万物皆可裹蛋黄,太香了!

# 比肉肉好吃的

## 酱汁杏鲍菇

## 食材准备

杏鲍菇×2

葱蒜适量

淀粉

盐

生抽/蚝油

**STEP 1.** 杏鲍菇洗净,切厚片,表面斜切十字花形。

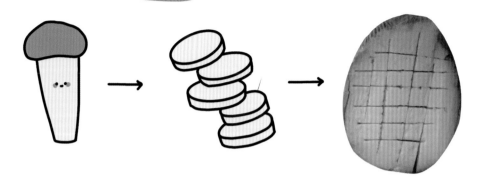

**STEP 2.** 热锅入油,将杏鲍菇煎至两面金黄,捞出备用。

煎原味杏鲍菇也太香了吧!!!

**STEP 3.** 制作美味酱汁：半碗清水、2勺生抽、半勺白糖、1勺蚝油、1勺淀粉，搅匀备用。

灵魂所在

**STEP 4.** 热锅入油，放入蒜末炒香，倒入酱汁，再放入杏鲍菇，加少许盐，盖锅盖煮至汤汁浓稠，大火收汁，即可出锅。

比肉还好吃的米饭杀手！

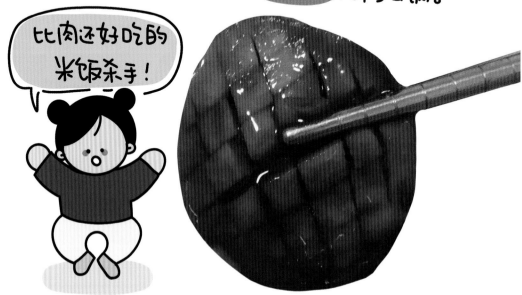

# 横扫冰箱的「懒人焖饭」

## 食材准备

番茄×1

鸡肉肠×1

胡萝卜×½

腊肠×1

香菇×3

玉米粒

酱油/蚝油

淘米、洗菜、切丁、码齐、倒水、放料、
插电、等待、拌匀、即可。

番茄

胡萝卜

香菇

玉米

鸡肉肠

腊肠

懒人必备

冰箱里面有什么吃什么～
喜欢吃咸一点的可以多放些
酱油和蚝油！

逛逛菜市场，
少吃点外卖，
哪怕只有一个人。

# 汤汁浓郁的 番茄鲜虾面

## 食材准备

鲜虾 ×5

番茄 ×2

虾滑 ×1袋

面条适量

葱适量

青菜叶

**STEP 1.** 鲜虾冲洗干净, 去虾线; 西红柿去蒂切块备用; 青菜叶、葱洗净切段备用。

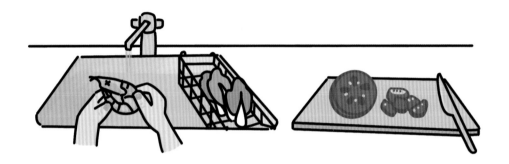

**STEP 2.** 热锅倒油, 放鲜虾中火翻炒, 待虾虾变色后按压虾头以便炒出虾油, 接着将西红柿放入虾油中炒 2-3 分钟。

先炒虾　　后炒西红柿

虾炒几下熟了以后就可以先盛出来咯!

**STEP 3.**

西红柿炒软后加适量开水，
水开后放入面条并挤入虾滑，
煮至面熟、虾滑浮起后，
加盐适量，关火。

这次我用的是细鸡蛋面，
因为伴有鲜美虾油的番茄
浓汁能完美裹覆在每根儿
面条上～

超美味！

**STEP 4.**

出锅摆盘，
撒上葱花即可。

| 成本 | |
|---|---|
| 时间 | |

# 一口就爆浆的「奶酪肉松鸡肉厚蛋烧」

## 食材准备

鸡蛋×3

芝士片×1

牛奶

鸡肉肠×1

盐

玉米淀粉

肉松

沙拉酱

# STEP1. 制作蛋液,搅拌至起泡。

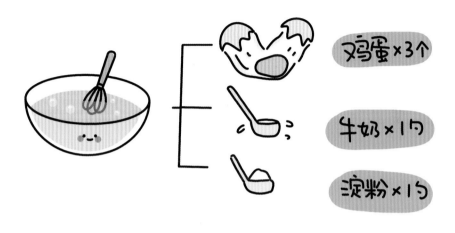

鸡蛋×3个

牛奶×1勺

淀粉×1勺

用滤网过滤一遍上面做好的蛋液,再加入鸡肉肠丁和少许盐调味,继续搅拌均匀。

**STEP 2.** 制作蛋皮。在平底锅上刷一层薄油，点火热锅，全程小火。倒入⅓的蛋液，左右摇晃平底锅，将蛋液均匀铺在锅底，并用锅铲将蛋皮上的小泡泡戳破。

**STEP 3.** 等到蛋皮半熟后，沿图中红色箭头方向，用锅铲轻轻翻卷蛋皮，并在如图所示位置放上切好的芝士条。

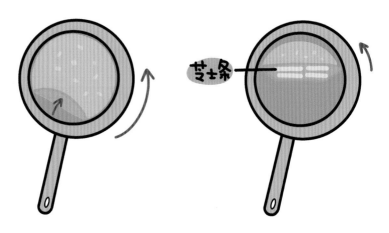

芝士条

**STEP4.** 在锅内空的地方继续倒入⅓蛋液,等该部分蛋液半熟后,再沿红色箭头方向重复上一步,把第一卷再反方向卷回来。重复步骤至蛋液用光。

**STEP5.** 将制作完成的蛋卷放在砧板上,沿红色虚线切掉两端,将剩余段平分轻轻划开。

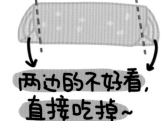 

两边的不好看,直接吃掉~

最后挤上沙拉酱或番茄酱,再撒上一些肉松。

# 咸香劲道的 「日式酱油炒面」

## 食材准备

炒面

鸡蛋×1

胡萝卜×1

培根×1片

卷心菜叶×2片

老抽+生抽

**STEP1.** 锅里加清水烧开,放入面条,煮至七成熟后,将面条捞出过凉水,沥干待用。

白糖&盐适量

老抽×2勺

生抽×2勺

**STEP2.** 锅内倒油,油热后翻炒培根,再倒入胡萝卜丝和卷心菜叶丝继续翻炒,炒至蔬菜断生。

**STEP3.** 倒入面条,用筷子快速拨散,倒入调好的酱汁,翻炒至上色。盛出面条,利用锅内余温煎一个溏心蛋。

# 满满元气的
## 「葱油饼卷万物」

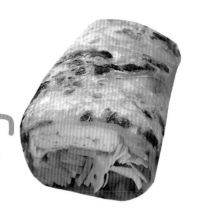

## 食材准备

速冻葱油饼×1

鸡蛋×1

芝士片×1

培根×1

胡萝卜

生菜

**STEP1.** 将培根煎熟、切条，用煎培根剩的油炒胡萝卜丝，生菜也切丝备用，煎一个鸡蛋饼，也切成条状。

**STEP2.** 冰箱里取出速冻葱油饼，无需化冻。直接放入无油的不粘锅，中火加热，等到饼皮表面起泡泡，用筷子戳破，并转小火，至两面焦黄并起酥皮。

**STEP 3.** 将饼平摊在盘子里,依次摆上准备好的"万物",挤上喜欢的酱汁,然后小心卷起来。

沙拉酱　番茄酱　照烧酱

# 网红吃法的 「抱蛋煎饺」

## 食材准备

速冻饺子

鸡蛋×2

葱适量

醋+酱油

辣椒酱

**STEP 1.** 不粘锅刷油, 摆上饺子。大火煎至底部微黄, 倒入开水, 水量没过饺子的一半, 盖上锅盖大火煮。

饺子无需提前解冻喔!

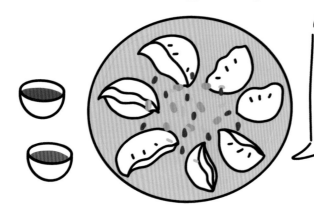

**STEP 2.** 水快收干时转小火, 倒入搅散的鸡蛋液, 等蛋液快凝固时撒上葱花和芝麻。

不想洗盘子的话...
可以直接抱着锅啃!
超级香der~

# 巴适得板「酸辣拌面」

## 食材准备

面条适量

火腿肠×1

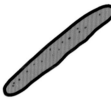

黄瓜×1

辣椒粉

白芝麻

葱蒜适量

生抽/醋/蚝油

芝麻酱

香油

**STEP1.** 碗中放入 ↘ 再淋上热油。

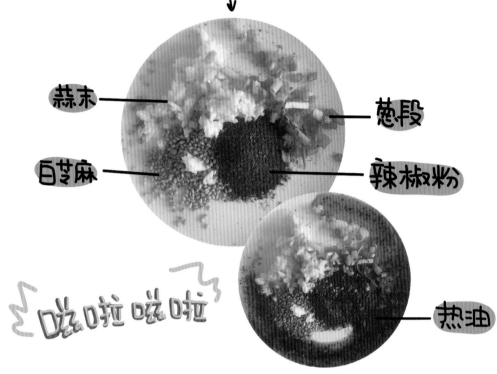

蒜末 ——

—— 葱段

白芝麻 ——

—— 辣椒粉

♪ 嗞啦嗞啦

—— 热油

**STEP2.** 再依次加入2勺醋、2勺生抽、1勺蚝油、
适量雪碧(可用白糖代替或不加),适量
芝麻酱(看个人口味),搅拌
均匀。面条煮熟,过凉水,
捞出放入盘中拌匀,放上
黄瓜丝、火腿丝,淋上香油。

好吃!

# 街边的网红 「芝士焗番薯」

## 食材准备

红薯×1

芝士片×2

牛奶30ml

鸡蛋×1

白糖20g

黄油25g

**STEP 1.** 红薯洗净,保留表面水分,用纸巾包好, 并在纸巾表面拍点水,保持湿润。

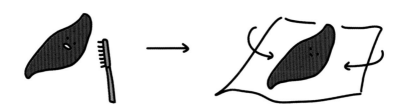

**STEP 2.** 将红薯放微波炉高火加热5分钟左右, 取出对半剖开。

微波炉加热的具体
时间根据红薯大小,
直到红薯变软就可以~

**STEP 3.** 用勺子挖出红薯肉,趁热按压成红薯泥,加入白糖、黄油和芝士碎,倒入牛奶拌匀。

在挖红薯肉的时候,要在表皮边缘留0.2cm左右的红薯肉,不要挖太干净喔~

**STEP 4.** 将做好的薯泥移回薯托,表面再铺一点芝士碎,刷上一层蛋黄液,放入预热过的烤箱,180℃烤15mins至膨胀且表面焦黄即可。

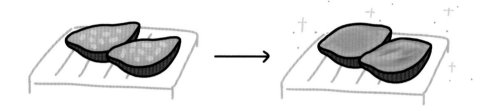

# 超高营养的「金枪鱼滑蛋」

& 牛油果&凤梨

## 食材准备

金枪鱼罐头

鸡蛋×1

牛油果

**STEP 1.** 将适量金枪鱼罐头倒入空碗，然后打入一颗鸡蛋，搅拌均匀。

**TiP**
用不完的罐头用保鲜膜封住放冰箱冷藏，最好在第二天就把它吃掉喔！

**STEP 2.** 蛋液中加 1/4 的凉水或牛奶
（制作滑蛋的关键第一步）

蛋液制作完成！

**STEP 3.** 锅内刷一层薄油，油热后倒入蛋液。
蛋液入锅后先不要翻动，静置底层蛋浆
稍有凝固后关火。然后利用余温，
快速翻炒蛋蛋。

1/4 牛油果泥

1/2 牛油果

凤梨

我用的是带有玉米 & 胡萝卜
的沙拉金枪鱼罐头

# 甜甜暖胃的
## 「美龄粥」

## 食材准备

豆浆 800ml

水 250ml

糯米 80g

粳米 20g

山药

冰糖

枸杞

**STEP1.** 将糯米和粳米混合,用水泡几小时;
水和豆浆混合,加热到沸腾,然后
倒入浸泡好的米,盖盖煮。

**STEP2.** 山药洗净蒸熟,去皮,放碗中捣成泥。
在豆浆米煮开的时候倒入锅中,转小火熬
40分钟,米化了以后,加入冰糖搅拌。

**STEP3.** 枸杞拿水泡开,放到引粥上面做装饰。

# 酸甜爽口的
# 「番茄虾仁荞麦面」

## 食材准备

虾仁

番茄×2

鸡蛋×1

荞麦面适量

葱适量

**STEP 1.** 番茄切块,炒出汁后,放入虾仁,加适量盐翻炒,待虾仁卷起来,关火,出锅备用。

**STEP 2.** 面锅水沸后放入面条,同时调一碗基础料汁:2勺酱油,2勺醋,1勺香油,1勺鸡汁,盐适量。捞出面条,浇上番茄虾仁。再配上一个煎蛋。

# 鲜掉眉毛的 鲜味菌菇汤

## 食材准备

白玉菇

蟹味菇

杏鲍菇

香菇

口蘑

生菜

盐

姜片x3

料酒

**STEP 1.** 将菌菇放在加了勺盐的淡盐水中浸泡10分钟后,洗净,切去根部,口蘑切片,杏鲍菇切条。

**STEP 2.** 热锅倒少量油,爆香姜片,倒入洗净沥干的菌菇,淋半勺料酒,翻炒几分钟。

**STEP 3.** 把炒好的菇倒入砂锅,加水没过菌菇,盖上盖子,中火等水煮沸后转小火继续煮半小时,加盐调味即可。

撒上葱花　　也可以放入豆腐

鲜味+足

一口气可以喝好几碗

吃饱喝足，
才有力气做个
好梦

# 第5章

## 生活很苦，

## 还好你甜

# 越脏越好吃的
# 「脏脏抹茶千层」

## 食材准备

### ① 饼皮

低筋面粉 120g

抹茶粉 5g

鸡蛋×2

细砂糖 50g

黄油 25g

纯牛奶 300ml

### ② 内馅

淡奶油 350g

抹茶粉 10g

糖粉 40g

**STEP 1.** 取料理盆,将低筋面粉和细砂糖和抹茶粉过筛混拌;加入打散的鸡蛋搅拌,再分多次加入所有牛奶。黄油隔水融化成液体,稍冷却后倒入盆内,搅拌均匀。

**STEP 2.** 取出万能的薄饼铛,制作15-20片千层皮。

小心烫喔!

**STEP 3.** 制作奶油馅：料理盆洗净擦干，倒入淡奶油、糖粉和抹茶粉打发至八分。

淡奶油打发前要先冷藏喔～

**STEP 4.** 抹奶油，摆草莓

STRAWBERRY

一副没见过世面的样子？

最后摆上草莓和蓝莓作装饰，然后撒上抹茶粉 :)

# 趁热能拉丝的 「纽扣拉丝牛轧饼」

## 食材准备

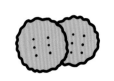

纽扣饼干×50

棉花糖45g

黄油20g

奶粉20g

蔓越莓

抹茶粉5g

**STEP 1.** 全程小火,锅内黄油融化,倒入棉花糖,搅拌融化,倒入奶粉,翻拌均匀。

**STEP 2.** 蔓越莓切碎,倒入锅中,拌匀,关火。用勺子取适量馅放在饼干上,两块饼干轻轻压一压,就完成啦!

**STEP 3.** 如果要做其他口味的牛扎饼,只需要将5g的奶粉换成5g其他味道的粉,其他步骤不变。

抹茶味的也很适合

加蔓越莓喔:)

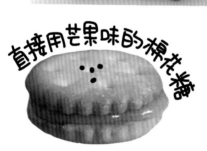

直接用芒果味的棉花糖

超赞:)

可可味的热的好好吃

如果多放点奶粉,牛扎饼的馅就会凝固得更快,可以做成牛扎糖 多放一些坚果和碎纽扣饼,就可以做雪花酥啦!

# 香香甜甜的
## 百香果慕斯蛋糕

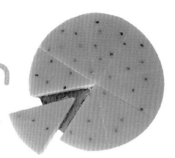

## 食材准备

① 饼干底

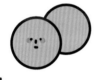

消化饼干 80g

黄油 40g

② 慕斯+镜面层

牛奶 100g

百香果泥 100g

鸡蛋×1

淡奶油 200g

吉利丁粉 10g

细砂糖 80g

**STEP 1.** 消化饼干碾碎,黄油加热软化成液体,混合均匀倒入模具压实,放冰箱冷藏。

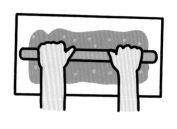

**STEP 2.** 先取7g的吉利丁粉倒入70g的水中,快速搅拌融化,放一旁备用。取干净空碗,加入一颗蛋黄和一半砂糖,搅拌均匀,再加入百香果果泥,拌匀备用。

**STEP 3.** 牛奶加入剩下一半的砂糖煮沸后倒入上一步的百香果蛋黄糊中,搅匀,然后煮沸成百香果果酱,稍冷却后,倒入刚冷藏的吉利丁融化并搅匀。

高温已经杀灭生蛋黄中的细菌咯! 吉利丁中可滴入几滴柠檬汁去腥, 而且要充分融化才能保证口感喔!

**STEP 4.** 淡奶油打发至6分(大概能用打蛋器勾出弯勾勾,然后倒入放凉的百香果酱中,用刮刀翻拌均匀后,倒入模具冷藏2小时。

2h

**STEP 5.** 3g吉利丁粉倒入30g的水中,搅拌均匀,备用。另外30g水与百香果汁和细砂糖混合煮沸,冷却后加入吉利丁融化,并过滤.放凉。

果汁放凉,蛋糕表面完全凝固,只有保证这两点,才不会把蛋糕弄化喔!

放上百香果粒作装饰

超完美切块!

冷藏一夜(此6寸大小,约2h就完全凝固了),热毛巾热敷脱模:)

# 夏季限定的 蜜桃派

## 食材准备

水蜜桃×2

黄油 60g

牛奶 20g

鸡蛋 ×1

低粉 150g

细砂糖 20g

**STEP 1.** 黄油室温软化,加细砂糖打发,倒入牛奶,再分三次倒入鸡蛋液,继续打发至浓稠,然后分三次筛入低筋面粉,和成面团,包上保鲜膜后冷藏。

**STEP 2.** 半小时后取出面团,将保鲜膜上的油揉进面团后继续冷藏。
水蜜桃切丁,锅内黄油融化,将水蜜桃炒至浓稠,加淀粉水。

**STEP 3.** 取出面团, 平均分成等重的小面团, 在模具中挤压, 放勺馅料, 再取适量面团制作成条状, 布网格, 刷蛋液, 松弛10分钟, 放入烤箱170℃, 25分钟左右。

我超甜!

# 满口丝滑的 提拉米苏

## 食材准备

戚风胚×1

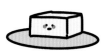

马斯卡彭奶酪250g

淡奶油 200g

鸡蛋×2

细砂糖 50g

吉利丁片×2

可可粉

水 60g

**STEP 1.** 戚风胚分成2片剪去边缘,吉利丁片用冷水泡软,隔水融化成水。

**STEP 2.** 蛋清分离,取2颗蛋黄用电动打蛋器打细腻;同时把水和糖混合煮沸,缓缓倒入蛋黄液中,边倒边打发,打到发白浓稠。

**STEP 3.** 倒入吉利丁液继续打发1分钟;
把奶酪打至细腻顺滑,也加入
蛋黄液拌匀;打发奶油至6成,倒
入碗中,与奶酪蛋黄糊翻拌均匀,
(可以加半瓶盖的朗姆酒)。

模具底部放一片戚风,
倒入提拉米苏糊;再
重复一次后抹平表面,
放冰箱冷藏5小时。

最后别忘了撒上可可粉~

# 蛋奶浓郁的芒果蛋挞

## 食材准备

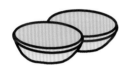

速冻蛋挞皮×6-8个

牛奶80g

淡奶油 110g

芒果×2个

蛋黄×2

细砂糖40g

低筋面粉5g

炼乳6g

**STEP 1.** 将淡奶油、牛奶、细砂糖、炼乳混合一起，小火煮至糖融化。放凉后加入过筛的面粉和蛋黄，搅拌均匀后过筛成蛋挞液备用。

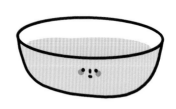

**STEP 2.** 芒果切丁，每个蛋挞皮里放 2-3块，然后倒入蛋挞液，7分满即可。烤箱预热 220℃，5分钟，然后烤 20分钟左右即可。

# 软糯香甜的
# 三色牛奶小方

## 食材准备

牛奶 220g

玉米淀粉 40g

淡奶油 100g

椰蓉

巧克力粉

抹茶粉

白砂糖 30g

椰奶 30g

**STEP 1.** 将150g牛奶、椰汁、淡奶油和白砂糖倒入锅中，搅拌煮沸。

**STEP 2.** 取70g牛奶与淀粉混合，搅拌均匀至无沉淀、无颗粒。然后倒入上一步的锅中，边倒边搅拌，此时锅中液体会慢慢浓稠，至凝固状时关火。

**STEP 3.** 将锅中的半成品倒入方形的密封容器内，晾凉后密封放冰箱冷藏2-4小时。

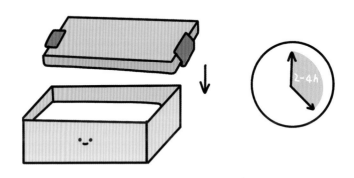

**STEP 4.** 取出冷藏好的"牛奶大方"，倒扣出来并切成"牛奶小方"，分别在椰蓉、抹茶粉、巧克力粉里滚一滚就搞定啦！

# 内心戏丰富的「芒果流心慕斯蛋糕」

## 食材准备

消化饼干60g

黄油30g

细砂糖60g

芒果×3个

淡奶油150g

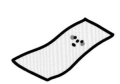

吉利丁片×2片

**STEP 1.** 消化饼干碾碎,黄油加热软化成液体,混合均匀倒入模具压实,放冰箱冷藏。

**STEP 2.** 芒果切丁,好看的留着做装饰,剩下的与细砂糖和柠檬汁打成芒果酱,其中300g做慕斯糊,50g做流心。

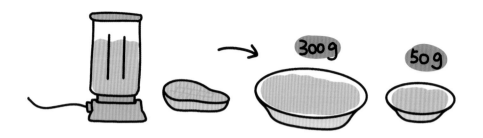

**STEP 3.** 吉利丁片用水泡软，取出放空碗隔热水融化成水，然后倒在大份的芒果酱里并搅拌均匀。

**STEP 4.** 淡奶油打发至稍有纹路并能马上消失的程度，倒入上一步骤中，翻拌均匀。取出冷藏的饼干底，倒入一半的慕斯糊，周周放一些芒果丁，中间倒入芒果酱，最后再轻轻倒入剩下的慕斯糊。

请把我冷藏4小时

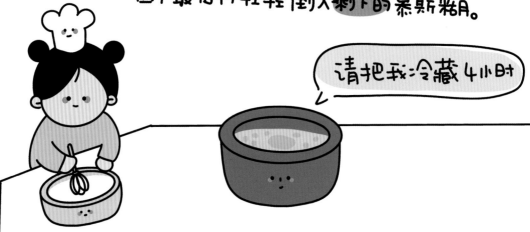

# 圆滚滚的
## 「草莓雪媚娘」

### 食材准备

① 外皮

糯米粉 70g

玉米淀粉 20g

全脂牛奶 120ml

细砂糖 50g

黄油 30g

② 内馅

淡奶油 270g

糖粉 15g

草莓

**STEP 1.** 首先取适量糯米粉放锅中用小火炒至微泛黄,用作手粉。鲜奶油加入糖粉打发备用,草莓去蒂对半切开备用。

**STEP 2.** 糯米粉加玉米淀粉,糖倒入牛奶化开后,倒入混合粉中,搅拌至均匀无颗粒的面糊,并上笼大火蒸30分钟成奶糕。黄油隔水融化成液体后,拌入蒸好的奶糕中,搅拌均匀冷冻30分钟。

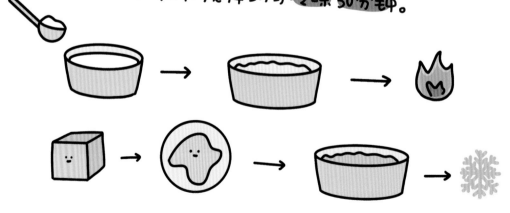

**STEP3.** 取出冷冻后的奶糕,每30g为一剂子。手上、碗里和每个剂子都沾上手粉以防粘黏。

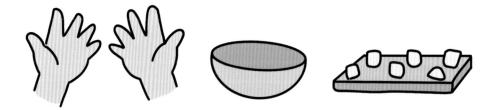

**STEP4.** 取一块剂子放入碗中,用手指将其推成皮子,挖一勺奶油,再放半颗草莓,再铺一小勺奶油,然后收口,再将团子从碗中倒扣出来,放在盘子里,放冰箱冷藏2小时。

# 颜值超高的
# 「蓝莓酸奶冻芝士蛋糕」

## 食材准备

奥利奥 80g

黄油（融化）30g

柠檬×1

蓝莓 200g

细砂糖 40g

糖粉 40g

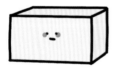

奶油奶酪 200g

吉利丁片 10g

淡奶油 150g

牛奶 30g

浓稠酸奶 150g

**STEP 1.** 奥利奥饼干去掉夹心,碾碎,加入融化的黄油拌匀,铺在模具底部,放冰箱冷藏。奶油奶酪切小块,室温软化。

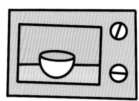

**STEP 2.** 蓝莓洗净擦干水分,放在锅中,加入白砂糖,用勺压碎成糊,静置一小时,小火煮,边煮边倒柠檬汁搅拌,煮至粘稠状态即可。

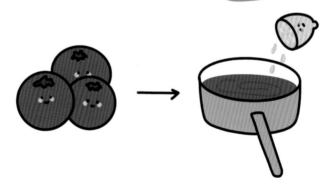

**STEP 3.** 软化的奶油奶酪加糖粉,打发至光滑无颗粒,加入浓稠酸奶和柠檬汁拌匀。

**STEP 4.** 取小碗放冷水,把吉利丁片泡软后沥干水。
另取空碗加入30ml的牛奶,微波炉30秒,使
吉利丁片融化在牛奶里并搅匀,接着倒入上一步
的奶酪糊里。

 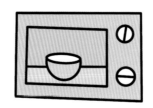 

**STEP 5.** 冷藏过的淡奶油打发至6分发(打蛋头可以
留下痕迹),然后倒入奶酪糊中拌匀。
奶酪糊平均分成三等份:一份原味(顶层),
一份加20g自制蓝莓酱(中间层),一份加入
40g蓝莓酱(底层),拌匀。

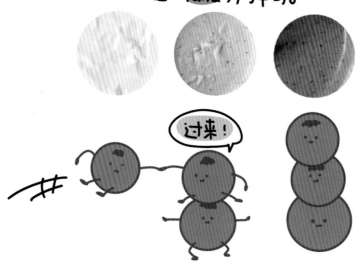

过来!

**STEP6.** 取出冷藏的模具,先倒入深紫色的奶酪糊,在台面上轻磕几下磕出气泡,冷冻25分钟,再倒浅紫色,冷冻,再倒原味层,最后放冰箱冷藏6小时。

摆上蓝莓,淋上巧克力酱作装饰!

## 巧克力酱的做法

50g淡奶油隔水加热,放入50g的碎黑巧克力,继续隔水加热至巧克力融化,与奶油混合均匀后放凉,放进裱花袋中,即可用于淋面。